编程真好玩

一第 1 册一

机器人小镇

科学素养教育启蒙绘本：让孩子知道编程是什么

幼儿学编程，需动脑更需动手：精美贴纸、指令条搭配练习

编程空间◎编著

中国水利水电出版社

www.waterpub.com.cn

·北京·

内 容 提 要

《编程真好玩》系列是为3~6岁的小朋友和其父母量身打造的一套普及、介绍计算机编程思维的绘本，既是一套少儿编程启蒙用书，也是一个加强亲子关系的纽带。

《编程真好玩》系列绘本共3册，分别是《编程真好玩 第1册 机器人小镇》《编程真好玩 第2册 工厂开放日》《编程真好玩 第3册 一起堆雪人》。每册绘本首先都从一个生动有趣的故事开始，将计算机编程思维融入故事的问题解决中，寓教于乐。其次，设计了"基本概念""想一想""练一练"等模块，一方面可以带领小朋友回顾故事的主要情节，增加故事的趣味性、互动性；另一方面，通过与父母一起使用指令条或贴纸完成各知识点的"指令条练习题"，可以有效地增强小朋友的动手能力和协作能力；最重要的是，将计算机编程思维与生活相结合，加深小朋友对编程的理解。

《编程真好玩》系列绘本由编程空间团队倾力研发，综合研究了国内外各类绘本的优点，采用四色印刷，故事生动有趣，插画活泼优美，非常适合幼儿的编程启蒙教育。此外，《编程真好玩》系列绘本既可以作为小朋友的睡前读物，也可以作为亲子时间的互动节目，是育儿的不二之选。

图书在版编目（CIP）数据

编程真好玩 / 编程空间编著 . —北京：中国水利水电出版社，2021.8
ISBN 978-7-5170-9753-2

Ⅰ . ①编… Ⅱ . ①编… Ⅲ . ① 程序设计 Ⅳ . ① TP311.1

中国版本图书馆 CIP 数据核字 (2021) 第 145170 号

书　　名	编程真好玩 第 1 册 机器人小镇 BIANCHENG ZHEN HAOWAN DI 1 CE JIQI REN XIAOZHEN	
作　　者	编程空间　编著	
出版发行	中国水利水电出版社	
	（北京市海淀区玉渊潭南路 1 号 D 座 100038）	
	网址：www.waterpub.com.cn	
	E-mail：zhiboshangshu@163.com	
	电话：(010) 68367658（营销中心）	
经　　售	北京科水图书销售中心（零售）	
	电话：(010) 88383994、63202643、68545874	
	全国各地新华书店和相关出版物销售网点	
排　　版	北京智博尚书文化传媒有限公司	
印　　刷	北京富博印刷有限公司	
规　　格	250mm×210mm　16 开本　10 印张（总）　101 千字（总）	
版　　次	2021 年 8 月第 1 版　2021 年 8 月第 1 次印刷	
印　　数	0001—5000 册	
总 定 价	108.00 元（共 3 册）	

Preface
前言

作为少儿编程领域的从业者，我深知"计算机编程"是孩子们未来一项很重要的技能，编程思维更有助于高效地解决问题。

同时作为一名4岁孩子的妈妈，我知道他们渴望了解计算机，想要探索一切未知的东西，更期待去实现自己脑海中的新奇想法（正如本书中的部分情节，是根据学龄前孩子的想象而创作的）。

本套绘本（共3册）从学龄前孩子的视野出发，寓学于乐。通过故事让孩子们认识简单的编程概念，培养编程思维。

在后面的练习题中，爸爸、妈妈还可以和孩子们一起进行亲子互动，在动手动脑中强化孩子们对编程概念的认知。

第1册《机器人小镇》

涉及的编程知识：代码 序列 调试 循环

第2册《工厂开放日》

涉及的编程知识：事件 循环 条件 函数

第3册《一起堆雪人》

涉及的编程知识：分解 序列 循环 条件 合作

公众号

官 网

编者

目录

Character
Introduction

人物介绍

蒙蒙

- 身份： 果园老板
- 年龄： 未知
- 兴趣： 讲道理、种水果、吃美食
- 害怕的事情： 种植的水果不够美味

小美

- 身份： 接待型机器人
- 年龄： 1.5岁
- 兴趣： 与人类说话、喜欢看到人类开心的表情
- 害怕的事情： 主人模糊的指令

克拉拉

- 身份： 幼儿园小朋友
- 年龄： 5岁
- 兴趣： 打扮漂亮、偷偷涂指甲油
- 害怕的事情： 一个人睡觉

多吉

幼儿园小朋友

4岁

拼搭各类工程车、积木

当众说话和表演

欢迎来到机器人小镇，我是你们的导游——小美。

哇！
好酷！

它们是负责运输工作的机器人，会根据人类设定的代码指令完成自己的工作。

Super Market

您好，
欢迎光临！

哇，它也在执行指令呢！

指令是一种指示和命令。代码是计算机能够理解的特殊指令。通过给机器人输入它所能理解的指令，它就能完成很多事情。

707

我要看看机器人是怎么扎头发的，连我爸爸都不会呢！

机器人会根据设定好的指令, 按序列一步步地完成任务。

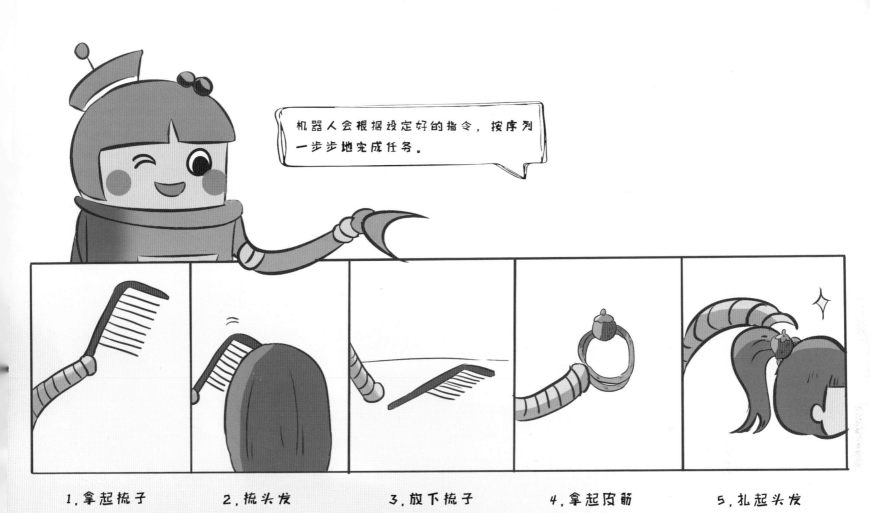

1. 拿起梳子　　2. 梳头发　　3. 放下梳子　　4. 拿起皮筋　　5. 扎起头发

Tips（提示）: 序列是按照一定顺序排列的代码指令。针对某个问题, 如果序列错误, 则得不到预期的效果。

我要让机器人给我做美味的煎蛋面。

哼！我要自己做，我倒要看看是机器人做的好吃还是我做的好吃。

11

1. 放油

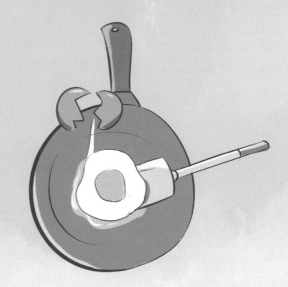

2. 煎蛋

3. 加水

4. 煮面

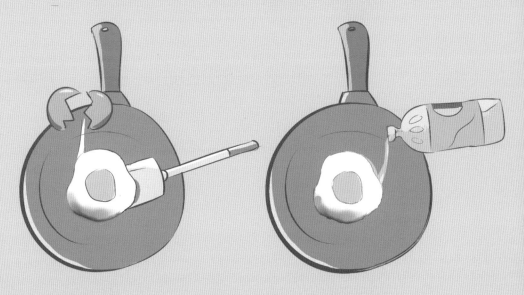

1.煎蛋　　　　　　　　　2.放油

3.加水　　　　　　　　　4.煮面

13

Tips：调试是计算机编程中的一个重要环节，通过调试可以发现并解决程序中的错误。

Robot Restaurant

嘻嘻，它是探测机器人，会在特定的区域来回移动，一旦探测到危险，就会发出警报。

我发现了，它一直在重复走这条路线，**循环**执行任务。

太棒了，如果我给它输入循环指令，它就可以一直在房间保护我了。

Tips：循环是编程时常用的一种技巧，它可以让计算机重复执行相同的指令，而不用重复编写代码。

小朋友们，还记得刚才的小镇中都出现了哪些机器人吗？
它们是怎么接收指令去完成任务的呢？

你们想拥有计算机编程的本领吗？
如果想，那就和爸爸、妈妈一起来认识简单的编
程概念，养成编程思维吧！

玩法介绍

爸爸或妈妈陪伴小朋友一起，以排列指令条的方式将正确的指令条排在每个互
动题后面的小框内。互动任务共有7个，围绕"序列""调试""循环"等编
程概念，可以有效促进小朋友对编程基本概念的理解和编程思维的养成。

（注：指令条附在书后，爸爸、妈妈可以引导小朋友用盒子保存起来，以便重
复练习。）

Sequence

一、序列

基本概念：序列是按照一定顺序排列的代码指令。针对某个问题，如果序列错误，则得不到预期的效果。

想一想：小朋友们，还记得机器人是怎样给小女孩扎头发的吗？

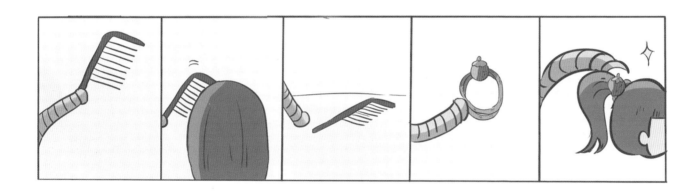

Sequence

一、序列　指令条练习题

练一练 1 ：小朋友们，请用 ➡️ 指令条

帮助机器人将包裹送到克拉拉的位置。

Tips：小朋友们，遇到问题不要着急和害怕，把大问题拆分为小问题，想一想第一步做什么，第二步做什么，按正确的顺序去进行，就很容易了。

Sequence

练一练2：小朋友们，请用  指令条帮助机器人将包裹送到多吉的位置。

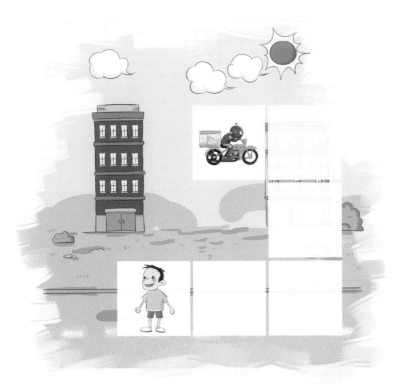

Debug

二、调试

基本概念：调试是计算机编程中的一个重要环节，通过调试可以发现并解决程序中的错误。

想一想：小朋友们，还记得克拉拉做的煎蛋面中为什么鸡蛋是糊的，面不好吃吗？

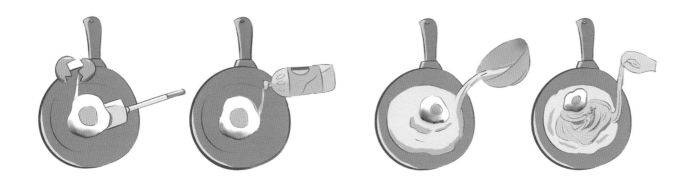

Tips：小朋友们，世界上每个人都会犯错，犯错并不可怕。犯错了要及时去找到错误的原因并改正它。

Debug

二、调试　指令条练习题

练一练1：小朋友们，请观察一下，以下指令条能否让多吉到达幼儿园？如果不能，则请你们调试一下，帮助多吉到达幼儿园。

Debug

二、调试 指令条练习题

练一练2：小朋友们，以下程序少了一个非常重要的指令，请你们调试一下，帮助多吉到达幼儿园。

Loop

三、循环

基本概念：循环是编程时常用的一种技巧，它可以让计算机重复执行相同的指令，而不用重复编写代码。

想一想：小朋友们，还记得探测机器人是怎样工作的吗？

Loop

三、循环 指令条练习题

练一练1：a 小朋友们，你们能只用 ↑ 指令条帮助蒙蒙到达苹果采摘点吗？

b 试试用 🔁3 ↑ （连着一起）指令条帮助蒙蒙到达苹果采摘点。

a   b

Tips：循环是指反复地做某事，利用好循环，我们可以省略很多重复的步骤。

Loop

三、循环 指令条练习题

练一练2：小朋友们，请用循环指令条帮助蒙蒙到达葡萄采摘点。

Loop

三、循环 指令条练习题

练一练3：小朋友们，请用循环指令条帮助蒙蒙到达苹果采摘点。

Reference Answer

参考答案

一、序列

练一练1：小朋友们，请用  指令条
帮助机器人将包裹送到克拉拉的位置。

练一练2：小朋友们，请用  指令条
帮助机器人将包裹送到多吉的位置。

Reference Answer

参考答案

二、 调试

练一练1： 小朋友们，请观察一下，以下指令条能否让多吉到达幼儿园？如果不能，则请你们调试一下，帮助多吉到达幼儿园。

练一练2： 小朋友们，以下程序少了一个非常重要的指令，请你们调试一下，帮助多吉到达幼儿园。

Reference Answer

参考答案

三、循环

练一练 1 a 小朋友们，你们能只用 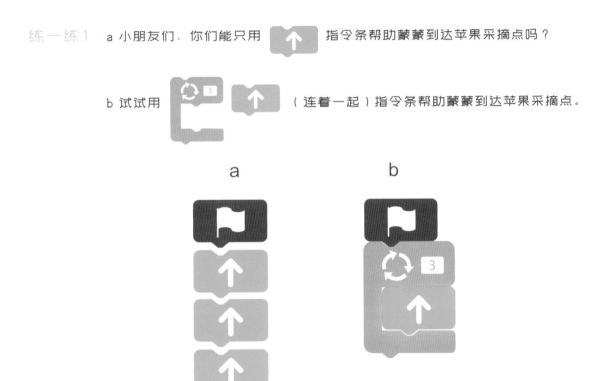 指令条帮助蒙蒙到达苹果采摘点吗？

b 试试用 （连着一起）指令条帮助蒙蒙到达苹果采摘点。

a   b

Reference Answer

参考答案

三、循环

练一练2：小朋友们，请用循环指令条帮助蒙蒙到达葡萄采摘点。

练一练3：小朋友们，请用循环指令条帮助蒙蒙到达苹果采摘点。

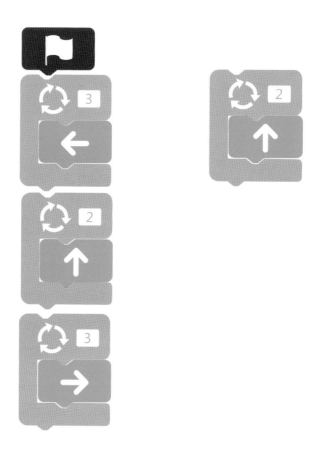